河川与湖泊

撰文/何立德　王子扬　　　审订/王鑫

中国盲文出版社

怎样使用《新视野学习百科》?

神奇的思考帽

> 请带着好奇、快乐的心情,
> 展开一趟丰富、有趣的学习旅程!

1 开始正式进入本书之前,请先戴上神奇的思考帽,从书名想一想,这本书可能会说些什么呢?

2 神奇的思考帽一共有6顶,每次戴上一顶,并根据帽子下的指示来动动脑。

3 接下来,进入目录,浏览一下,看看这本书的结构是什么,可以帮助你建立整体的概念。

4 现在,开始正式进行这本书的探索啰!本书共14个单元,循序渐进,系统地说明本书主要知识。

5 英语关键词:选取在日常生活中实用的相关英语单词,让你随时可以秀一下,也可以帮助上网找资料。

6 新视野学习单:各式各样的题目设计,帮助加深学习效果。

7 我想知道……:这本书也可以倒过来读呢!你可以从最后这个单元的各种问题,来学习本书的各种知识,让阅读和学习更有变化!

客观地想一想

用直觉想一想

想一想优点

想一想缺点

想得越有创意越好

综合起来想一想

? 离你家最近的河流或湖泊在哪里？

? 你对哪个河流或湖泊的印象最深刻？

? 哪些生物生活在河流和湖泊里？

? 哪些人类活动带给河流和湖泊不好的影响？

? 如果你是落在陆地上的雨滴，会发生哪些有趣的事？

? 我们应该怎样保护河流与湖泊？

目录

■神奇的思考帽

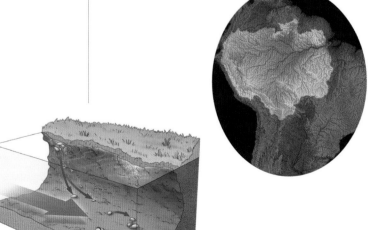

CONTENTS

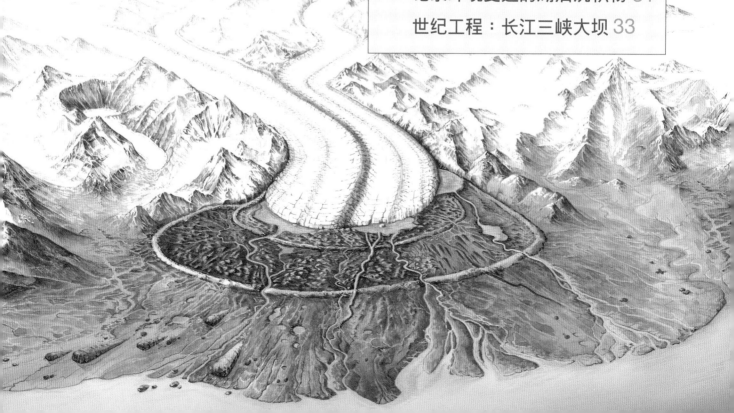

河川与湖泊的形成

（智利北部拉乌卡国家公园内的帕里纳科塔火山及春卡拉湖，图片提供/GFDL）

地球陆地上的水约占全球总水量的3.5%，其中淡水约占7成。这些淡水大部分都储存在冰川、永久积雪和永冻土中，其他则散布于湖泊、河川、土壤及地下。

河水和湖水从哪里来

雨水降落到地面后，被植物与土壤和地表孔隙所吸收，剩余的水会在地面形成径流，再汇集成河。（图片提供/达志影像）

在水循环过程中，大部分降水直接落入海洋，其他则降落到陆地。地面上的雨水，一部分会被植物截留与吸收，一部分则渗入地表裂隙与土壤孔隙之中，积聚为地下水在地底储存与流动。一旦地表下的空隙逐渐被水填满，多余的水就会在地表上自由流动，形成地表径流。径流从山坡往低地汇集，可能积水成湖泊，或由小蚀沟、溪流汇流成大河。此外，地层中的地下水，也可能涌出成为泉水，加入径流的一部分，或直接由地底汇入湖泊与河川。除了雨水，高山或高纬度地区融化的冰水也是河水和湖水的来源。

各方水源汇聚而成的河川，最后又流入湖泊或是海洋中，同时，河川与湖泊的水，会持续渗入地下或往天上蒸发，补给土壤与大气中的水。

河川与湖泊的水，来自降水及高山融雪。河水经由河川作用，在各河段塑造出不同地貌，最后流入内陆湖泊或大海中。（插画/吴仪宽）

高山冰雪

V形山谷

山麓冲积扇

泉水

地下水层

天然湖泊

水库

自然堤

泛滥平原

曲流

三角洲

牛轭湖

伏尔加河位于俄罗斯西南部，长3,692千米，是欧洲最长的河流，也是世界最长的内流河，流入世界第一大湖泊——里海。图为中游的高尔基水库。（图片提供/GFDL）

河水和湖水流到哪里

河川是由地面径流以及从地底注入的地下水汇聚而成，而河川的归宿则是湖泊或海洋。一般以河川最终是否流入海洋，将它们区分为内流河和外流河。湖泊也同样依据是否通过河流与海洋相互连通，分为内陆湖和外流湖。内流河受到地形、气候及水量限制，河流末端最后消失在沙漠中，或注入内陆湖泊。外流河一般位于降雨较丰沛的湿润地区，具备广大的流域面积，水量大且终年不涸，最后注入海洋。

外流河区域内的湖泊，因为借着河流与大海相通，湖水能流进也能排出，因此含盐分少，多为淡水湖。内陆的封闭湖泊大多为内流河的归宿，这类内陆湖泊，由于湖水只能流进，不能流出，加之蒸发旺盛，而形成盐分较高的咸水湖。

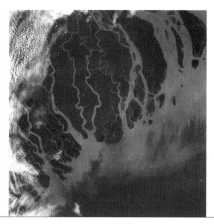

常用的河川水文名词

在介绍河川的时候，常常会听到"水位"、"流速"、"流量"等名词，它们代表的是什么意思呢？"水位"指的是河道最深处至河水表面的高度，换言之就是水深。当大雨过后，河流水位会上涨；久旱不雨则使水位下降。"流速"是指河水在单位时间内（通常是每秒）可流动的距离。河流的流速在河道中不同的位置与深度会有明显的差异。"流量"指的是单位时间内（通常是每秒）有多少水量通过河道的横剖面。流量可以采用直接测量，或是用流速乘以河道横剖面面积求得。

现代利用简单的仪器就能测出河川的流速、流量，以前则要通过计算船只通过一定距离所花费的时间来取得。（图片提供/达志影像）

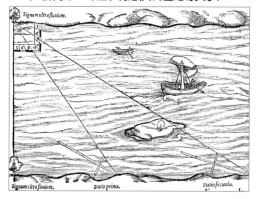

左图：河水接近海岸时，因地势低缓，可能出现分流。图为恒河河口交错的分流，构成世界最大的恒河三角洲。（图片提供/NASA）

河川流域与水系形态

（美国的哈德孙河属于格子状水系，图片提供/GFDL）

世界上流域面积最大的河流，是发源于南美洲安第斯山脉的亚马孙河。树枝状水系的亚马孙河，流域面积广达6,915,000平方千米，大约占了整个南美洲面积的40％。

河川流域

一条河川的流域，是指在一个范围内，所有的降水，会从各种不同的途径，例如地面径流、地下水等，最后汇集到河流入海口或入湖口。河川流域也可称为一条河川的集水区。落在集水区范围以外的雨水，因为山脊的阻碍而流到其他的河川，不会流到这个流域中。大致上，流域面积愈大，河川主流的长

亚马孙河的流域面积、流量、支流数量，都是全球第一。其流量比尼罗河、密西西比河及长江的总和还大，规模惊人。（图片提供/达志影像）

金沙江上游的虎跳峡，落差高达200米，是世界上落差最大的峡谷之一。（图片提供/维基百科）

度也愈长。

一般而言，地形学家将河川流域分成上游、中游与下游三个部分。上游地区以河流侵蚀作用为主，是河川泥沙主要的生产来源。中游地区以河流搬运作用为主，将上游的泥沙往下游地区输送。下游地区则是以河流堆积作用为主，在平坦低洼的地区堆积泥沙。

水系形态

水系形态是指河川主流和支流在地表平面上所排列、构成的水文网络形

态。它通常反映出当地的岩石软硬、岩层排列情况以及地底下地壳运动的情况。较常见的水系形态有4种：格子状、树枝状、放射状和向心状水系。格子状和树枝状水系最大的特征，是主流与支流交汇的角度。格子状水系常出现的地区具有倾斜沉积岩层，或平行排列的褶皱带或断层带，河川容易沿着这些软弱的构造带侵蚀、发育，使河川支流与主流间多呈直角相会。树枝状水系主要发育在岩层平缓或地表组成物比较一致的

河流受到地形与地质的影响，形成树枝状、格子状、放射状及向心状水系，或其他种类的水系。（插画/施佳芬）

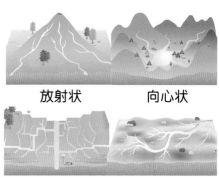

放射状　　向心状

格子状　　树枝状

地区，像冲积平原或隆起高原上，主流与支流常以锐角交汇。

放射状及向心状水系两者的流向正好相反，放射状水系是多条河川发源自中央的高地，由高地中央向四面八方流散而成，大多出现在岛屿或锥形火山分布的区域；而向心状水系则是河川发源于四周高地，向中央低地汇集而成，常出现在盆地、构造陷落区、破火山口或陨石撞击成的凹地。

瀑布是河川上游常见的景观。伊瓜苏瀑布群位于南美巴西与阿根廷交界的伊瓜苏河，与东非维多利亚瀑布及北美的尼亚加拉瀑布并称世界三大瀑布。（图片提供/维基百科，摄影/Reinhard Jahn, Mannnnnheim）

水系异常

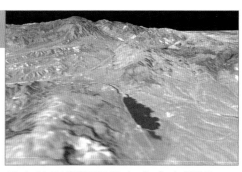

圣安地列斯断层的名字来自附近一个小型湖泊——圣安地列斯湖。断层位于太平洋板块与北美板块交界处。（图片提供/NASA）

水系异常指的是流域中某一部分的水系，突然呈现与上、下游不同的形态，这样的变化常是因为地底下岩石的差异或地质构造活动所致。例如，美国西海岸加州附近的圣安地列斯断层，因断层平行的错动，造成河流在断层带附近也产生平行位移的现象，使原本笔直的河道呈现"ㄣ"形变化。地质学家常通过水系异常的现象来推断地表下的地质构造。

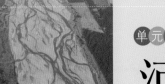

单元3

河川的演变

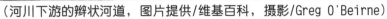
（河川下游的辫状河道，图片提供/维基百科，摄影/Greg O'Beirne）

河川的演变没有一定的时程表，河流的形貌、水量与沙石量，以及气候的变迁、地底的岩石构造、人类的开发与利用，都会影响河流下一阶段的发育，河川的变化也因此不容易预测。

河川流入高山深谷时，由于地势坡度大，虽然水量较少，但下切力量强，容易形成V形河谷。（图片提供/维基百科）

长时间、大范围的河川演变

1899年美国地理学家戴维斯提出"河川侵蚀循环"的概念。在他的河流演变模式中，河流像是有生命般呈现"幼年期"、"壮年期"与"老年期"的发育过程。

当陆块受构造作用而突然抬升，河流即进入幼年期。此阶段的河川侵蚀力极强，快速下切形成V形河谷。河谷经过长时间侵蚀后进入壮年期，此阶段的

侵蚀最旺盛，使得山谷持续加长、加宽与加深，地形也趋于复杂，但陡峭的山脉逐渐变成丘陵，河道也较为宽阔，在山谷中蜿蜒。经过漫长的岁月后，河川进入老年期，此时丘陵更为低缓，河川侵蚀力量极小，以堆积作用为主，地形呈现准平原的状态。老年期的河川又会因陆块抬升，产生"回春作用"，回到幼年期，开始另一次的侵蚀循环，称作"地形轮回"。

新一代地形学者认为，河川上中下游会相互间调节，形成一种动态平衡。上游山高而陡，侵蚀旺盛，中游多搬运，而下游平缓，形成堆积地貌。（图片提供/达志影像）

中游侵蚀作用最旺盛，使得河道加深，两岸砾石样貌也复杂多变。（图片提供/GFDL）

戴维斯（1850—1934）有美国地理学之父的称誉，同时也是地质学家和气象学家。（图片提供/达志影像）

历经长时间的河川作用后，河道逐渐形成地势平缓的准平原。（图片提供/GFDL）

短时间、小范围的河川演变

戴维斯的河川演变模式主宰地形学界50年后，新一代地形学者发现，若将时间与范围都缩小来看，河川演变还会受到沉积物的大小、数量、河流流速、水力作用及河道坡度大小等因素影响。这样更细致的观察，使得戴维斯的河川演变模式，逐渐遭到扬弃。

根据观察，在上游因为坡度大、流速快，所以能搬动粒径粗大的沉积物，但上游的流量小，侵蚀规模不大，沉积物的数量有限，因此常形成笔直的河道。到了中游，随着沉积物的粒径变小、数量增加，加上河道的流速和水力作用增强，侵蚀作用旺盛，使河道出现蜿蜒的曲流。进入下游，由于地形平坦，使流速降低，水力作用减弱，大量细粒的沉积物开始沉积，形成河道宽广、相互交织的辫状河道。地形学者认为，只要影响河川发育的条件不变，河川可能一直维持这种稳定的状态；即使当某些条件改变，河川也会自我调整成另一种稳定的状态，未必循着地形轮回模式。

戴维斯

戴维斯（William Morris Davis）在1899年提出具有划时代意义的"侵蚀循环"模式后，成为当时全球最受瞩目的地形学者。他的"侵蚀循环"模式深受达尔文的进化论所启发，认为河川如同生物一般具有生命周期。不过"侵蚀循环"模式后来受到许多批评，包括这个模式在热带或干燥气候的环境不一定适用。此外，这个模式假设陆块一开始受到构造作用的强烈抬升之后就静止不动，但实际上陆块常受到持续而稳定的抬升，因此在这样的情况下，戴维斯的模式将无法成立。虽然戴维斯的理论后来逐渐没落，但没有人否定他对地形学所做出的伟大贡献。

河川的侵蚀

（委内瑞拉的安赫尔瀑布，落差979米，是世界落差最大的瀑布。图片提供/GFDL）

美国著名的大峡谷，长446千米，宽6.4—29千米，约有1.6千米深，这个壮阔的地景，是科罗拉多河从1,700万年前开始侵蚀、切割数千米厚的岩层所产生的。

 ## 河川侵蚀作用

尼亚加拉瀑布位于五大湖区的尼亚加拉河，由美国瀑布及较大的马蹄瀑布组成。因挖蚀剧烈，瀑布不断后退。（图片提供/维基百科，摄影/IDuke）

一般来说，坡度较陡、河道狭窄、河流流速快的地方，就是河川侵蚀作用较旺盛的地方，因此侵蚀作用在河川中上游最为显著。常见的河川侵蚀有4种，包括冲击、磨蚀、挖蚀与溶解。

冲击作用为单纯的水力冲击，主要发生在河床陡缓交接处，陡坡的流水速度快，产生的水力动能也较强，冲击并带走平缓河道的底部或两旁的岩石。磨蚀作用则是河水携带的泥沙、石砾，与河道碰撞而产生相互磨损的现象。

挖蚀作用是流水挟带沙砾或石块，冲入河床岩石的裂隙中，又随即转出，长期反复作用后，裂隙逐渐扩大甚至碎裂崩

解。溶解作用则是指河水溶解岩石中的矿物质，使河道因此受到破坏，常见于石灰岩及其他可溶性岩石分布的地区。

美国大峡谷由河川侵蚀作用所形成，1979年被列入联合国世界自然遗产。（图片提供/达志影像）

常见的河川侵蚀地形

当河川受重力影响，顺着河道往下游流动，河水会不断对河道进行3种方向的侵蚀：1.往河道底部挖蚀的向下侵蚀；2.使河道源头不断崩塌、后退的向源侵蚀；3.向河岸冲刷的侧向侵蚀。侵蚀作用使河道持续加深、加长及加宽，也形成一些特殊的小地形。

常见的河蚀地形包括壶穴、瀑布、峡谷及河阶。壶穴是挖蚀地形的代表，是河中的石砾受到水流的影响，在岩石河床的凹陷处转动，最后在河床上钻蚀出洞穴。瀑布常产生于主流与支流间或是软硬岩交会处，由于侵蚀作用大小不同，形成

河川激流挟带砾石在河床上钻蚀出壶穴，又称石面桶或瓯穴。图为关之尾壶穴，是日本国定天然遗迹。（图片提供/维基百科）

河川袭夺

河川袭夺是常见的现象，又称为"抢水"，由侧蚀或向源侵蚀力量的"低位河"，切穿分水岭后抢夺"高位河"水源。被袭夺的河段因为流向改变而成为"改（反）向河"，原先的高位河下游被称为"断头河"，发生袭夺的地方常留有不自然的急转河弯，称为"袭夺弯"，而在断头河与袭夺弯之间的古河床则成为新分水岭。同时，断头河因为失去原有的上游集水区而流量减少，因此呈现河谷宽、河道窄的不协调现象。例如本来源自德国黑森林的多瑙河，因上游河段被莱茵河的支流乌塔克河袭夺形成断头河，而改（反）向河则因为侵蚀基准面下降，河流下切形成深约350米的峡谷。

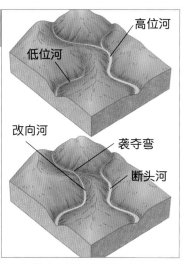

两条接近的河流发生袭夺后，被抢走水的断头河流水量骤减，经常影响下游的用水。（插画/吴仪宽）

陡坡或悬崖，使河水宣泄而下。V形谷则是谷壁陡峭的峡谷，展现河川旺盛的向下侵蚀力量。河阶是河岸边常见的地形，当河流重新向下侵蚀，高处的旧河岸与新河岸构成阶梯状的地形。

河阶是河水下切造成层次分明的河岸缓坡或平台，可依组成物分为岩石河阶及堆积河阶。图为小规模的河阶地形。（图片提供/达志影像）

河川的搬运

(壶口瀑布一带是黄河泥沙的主要来源之一，图片提供/维基百科，摄影/Fanghong)

根据科学家的估计，全球的河流每年往海洋输送的沉积物和溶解物质，总共约有200亿吨。长5,464千米、流域面积达752,443平方千米的黄河，是全世界含沙量最高的河流，每年输入大海的沉积物总量平均可达8亿—9亿吨，约占了全球的5%。

河川的搬运力

河川就像是一条蜿蜒在大地上的输送带，不断将上游的泥沙土石等河川负荷物往下游运送。河川泥沙搬运力主要受到河水流量与河道坡度所影响，河床坡度越陡，河流泥沙搬运力也会越强，但在短时间内，河道坡度很少发生明显的改变，因此，搬运力的变动主要是受到河川流量的影响。由于河水流量受制于降雨多寡与集水区面积，因此这条输送带并非一直稳定地运作，有时候泥沙搬运量近乎于零，有时候却极为惊人。当大雨过后，河水明显增加，会比平常搬运更多的土石泥沙；而集水区面积较大的河川，又会比面积小的河川搬运出更多的沉积物。此外，河水流速也会影响搬运力，当流速变成2倍时，搬运力同样加倍，力量十分可观。

世界主要河川的输沙量差距不大，唯独黄河的运量最为惊人。
（资料来源/维基百科）

河流	年平均输沙量（百万吨）
黄河	1,640
长江	478
恒河	451
亚马孙河	363
密西西比河	312
科罗拉多河	135
尼罗河	111

河川的巨型砾石多以滚动或滑动方式搬运。河川上游水量较少，砾石移动距离有限，因此河川上游常见到巨石群。（图片提供/达志影像）

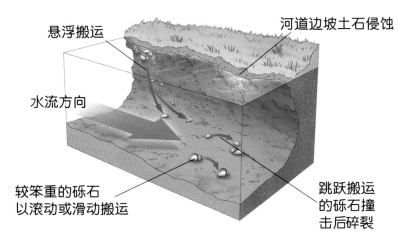

悬浮搬运

河道边坡土石侵蚀

水流方向

较笨重的砾石
以滚动或滑动搬运

跳跃搬运
的砾石撞
击后碎裂

左图：河川的搬运作用以机械搬运为主，依水量及被搬运物的大小而不同，包括悬浮、跳跃以及滚动或滑动。（插画／吴仪宽）

下图：大雨过后河水流量增加，搬运能力增强，河川的浊度随着增加。西班牙北部乌若拉河山洪爆发后，河水混浊。（图片提供／达志影像）

河川搬运作用的类型

根据被搬运物质的重量与性质，河川的搬运作用可分为四种类型。第一种是溶解作用，碳酸盐类的矿物或一些极细微的泥可以溶解于水中，被河水带往下游地区。第二种是悬浮作用，一些细沙或较轻的物质，因为河水的扰动而悬浮在水中，随着河水往下游漂流。第三种称为跳跃作用，一些较大的沙石和砾石，因为重量较重，受到流水的冲击而产生短距离跳跃前进的现象。第四种称为滚动或滑动作用，一些巨大、笨重的砾石，无法在水中以悬浮或跳跃的方式移动，只能以滚动或滑动的方式缓缓往下游移动。这些搬运方式，除了溶解属于化学搬运外，其他都属于机械搬运。

黄河是世界含沙量最高的河川，每年平均运送16亿吨的泥沙。图为河南小浪底水库正在排水排沙，以保护水库。（图片提供／欧新社）

沙石追追追

地形学家如何推算河川的沙石搬运量呢？对于河水中的溶解质与悬浮质，可以直接取河水推算出来，但是对于在河床上滑动、滚动或是跳动的砾石，则只能在大小相近的石头上作记号，经过一段时间之后，测量它们被搬运的距离有多少，进而推算河流的沙石搬运量。作记号的方式有很多，例如在表面上涂上油漆、加入氧化物、磁性物质或放射性元素等。其中加入放射性元素是最常使用的方法，因为容易使用仪器侦测，而涂上油漆则较少被采用，因为记号容易被沙石掩盖而无法察觉。

河川的堆积

（美国阿拉斯加诺威河的曲流，图片提供/维基百科，摄影/Oliver Kurmis）

非洲尼罗河在开罗附近汇入地中海，大量泥沙堆积成面积达24,000平方千米、海岸线长约230千米的尼罗河三角洲。尼罗河带来大量的营养物质堆积在此，每年吸引数十万只水鸟到此过冬，是全世界小鸥与黑腹燕鸥分布密度最高的地方。

金沙江在中国云南境内由南转北流，凸岸因为流速较慢，形成明显堆积。（图片提供/GFDL）

河川的堆积作用

河川的堆积作用和搬运力息息相关，当搬运力不足以继续输送河水中所挟带的物质时，就会发生堆积。除了泥沙土石等碎屑堆积物外，溶于水中的化学物质也可能因蒸发或发生化学变化而出现堆积，变为河道中的非碎屑堆积，但是溶解作用所搬运的负荷物比例较低，所以一般容易忽略。

河川中"泥沙量"与"搬运力"之间的平衡关系，影响河流堆积作用的快慢。当河川的搬运力超过河中所含的泥沙量时，河中所有的泥沙可能全部被搬走，甚至多余的水力还会侵蚀河道。但是当河流的搬运力降低或泥沙量增加时，会使得部分泥沙留在河道中，发生堆积作用。

尼罗河自古以来就经常泛滥，将河谷堆积成肥沃的泛滥平原。图为尼罗河泛滥成灾时，居民改以小船作为交通工具。（图片提供/欧新社）

常见的河川堆积地形

最常见的河川堆积地形有3种，分别为冲积扇、泛滥平原及三角洲。冲积扇发生在山麓，一般山中坡陡流急，但河川离开山谷时，由于河道的坡度突然减缓，使得流速锐减，河流搬运力下降，河中大量的泥沙沉积物便以谷口为顶点，呈现放射状往低处堆积，形成冲积扇。泛滥平原形成于洪水泛滥之后，当洪水来临时会带着河中的泥沙漫出河堤，原先的河岸甚至周围更广大的区域，变成河道的一部分，而当泛滥的河水消退后，泥沙便堆积成平坦的泛滥平原。

冲积扇一般都出现在山谷与平地的交接处，图为中国新疆塔克拉玛干沙漠南部的山麓冲积扇。（图片提供/NASA）

河川入海所形成的三角洲，各有不同的形态，可分为尖头形、扇形及鸟足形，图中的密西西比河三角洲是典型的鸟足形三角洲。（图片提供/达志影像）

三角洲出现在河川入海口的区域，是由于入海口处的地势低平，河水流速受阻减低，所挟带的泥沙大量沉积，形成三角洲。从高空往下看，河口是三角洲的顶部，三角洲外缘是底部，如果河流持续供应堆积物，三角洲便逐渐往海的方向扩张。

曲流与牛轭湖

河道在下游地区常呈现弯弯曲曲的样貌，称为曲流。这是因为河道两岸的水流能量不一致所造成。外侧因水流较快，侵蚀力较强，使得河岸不断后退，形成凹岸；内侧则因水流较缓，堆积较盛，使得河床平浅，形成凸岸。有些曲流被洪水切穿，截弯取直后，废弃的弯曲河道便形成状似牛轭的半月形湖泊，称为牛轭湖。牛轭湖除了是水生动植物的栖息地之外，在洪水来临时也有调节洪水的功能，例如美国密西西比河沿岸有许多牛轭湖，其中规模最大的宽约1.2千米，长约16.5千米。

意大利萨丁尼亚的提摩河曲流地形。持续变动的曲流凹岸及凸岸，都应尽量避免开发。（图片提供/达志影像）

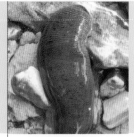

河川生态

（下游溪流边的水蛭，图片提供/维基百科，摄影/Chris Schuster）

一条从山区发源的河川，从源头到入海口，一路蜿蜒而下，不但海拔、气温改变，河川的水温、水量和流速也会改变，因此在上、中、下游各有不同的生态特色。

 ## 上游

一般来说，在上游河段，海拔较高，气温、水温较低，流速较急，主要的养分来源是河岸土壤或落叶等的碎屑。此外上游水流湍急，侵蚀作用强，因此沉积物少，河水特别清澈、干净，但是水中的营养物质也因而稀少。由

河川中游的淡水鱼类最丰富，鱼种多样，多为食用鱼类，图中的鲫鱼，是常见的一种鲤科鱼类，体型较鲤鱼小。（图片提供/达志影像）

鳟鱼与鲑鱼同类，具有适应急流的特性，都属于珍贵的鱼种。许多国家对捕捉河川的鳟鱼进行规范，鱼太小或一次捕捉太多都不行。图为钓客将太小的鳟鱼放生。（图片提供/达志影像）

于能供应的食物较少，所以上游动物的种类有限，主要是能够适应急流的鱼类，例如身体呈流线型的鱼类，可以减少水的阻力；或是平鳍鳅、虾虎鱼等能以鳍吸附在岩石上；此外还有能藏身在石头下的水生昆虫等。

蜉蝣是最原始的有翅昆虫，成虫寿命很短，幼虫为水生，在河川上游翻开石头时，经常可以看到幼虫。（图片提供/达志影像）

 ## 中游

当河川来到中游，水量增加，流速也因地势平缓而减缓，加上气温、水温升高，有利于水中的植物和藻类生长。这些生产者直接或间接为动物提供食物，而从上游来的营养物质也部分沉淀下来，因此中游的生物种类最多，大多数的淡水鱼都集中在这里。

鲤鱼是一种软鳍淡水鱼，生长在水流较平缓的下游或湖水池塘里，对环境变化的耐受度高，繁殖快速，即使水质污浊也能够生存。（图片提供/维基百科，摄影/Luc Viatour）

下游

　　河川的下游，堆积作用增加，因此逐渐形成泥泞的河床，或突出水面成为沙洲、浅滩，为水鸟等动物提供更多的栖息空间。不过下游沿岸地区大多人口密集，河川往往污染严重，溶氧量低，能适应的生物种类较少。

　　到了河流的入海口，上、中游的营养物质都汇集在此，因此吸引了许多水生动物和鸟类，是鱼虾蟹等繁殖的最佳地点。不过在这里，淡水和咸水交汇，加上潮汐的起落，环境十分特殊，河口动物

如螃蟹、藤壶、弹涂鱼等，必须能适应盐度和水位的变化才能生存。

动手做石头镇纸

　　让我们利用俯拾即是的石头，绘制独一无二的镇纸吧！材料有石头、颜料、调色盘、水彩笔。　（制作/杨雅婷）

1.将整个石头涂上草绿色的颜料，待干。
2.在石头上用白色颜料画出鱼的形状。

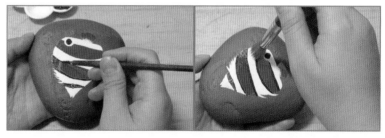

3.在鱼的身上画出橘色的色块与眼睛，待干后，在橘色色块的左右两侧画上黑色的线条。
4.用面纸将水彩笔的水分完全吸干，于笔尖沾取一点点草绿色（同底色）的颜料，轻轻地于整个石头表面拓印出淡淡的阴影。

红树林主要分布于热带、亚热带沿海区域，是河川入海口独有的生态，许多甲壳类动物及鸟类聚居其中，物种丰富。（图片提供/达志影像）

河川的利用

（印度民众在恒河畔沐浴，图片提供/维基百科，摄影/P.K. Niyogi）

全世界的水有97％是咸水，仅有3％是淡水。所有的淡水中，又有77％凝结成南极冰帽、北极冰层与高山冰川，仅约剩下23％的水分散在河川、湖泊、地下水与土壤中。这些微量的淡水，却为人类的环境、生活、文明做出许多贡献。

许多河川具有宗教上的意义。图为伊拉克的少数民族曼底安人，在底格里斯河畔进行净化灵魂的仪式。（图片提供/欧新社）

河川与人类生活

河川具有多种功能，有水循环中的水文功能，有形塑地表的地形功能，以及涵养众多生命的生态功能。此外，河川还提供了人类饮水、灌溉及其他生活用水，淡水中的渔获也是人类重要的食物来源之一，这些都满足了人类的生存需求。

除了满足生存所需，人类也将河川利用于经济和精神等其他层面。例如水量较丰沛的河川，还负有区域之间的交通运输功能，让人们能利用船只旅行或载运物品，促进经济活动；河岸风光和生态环境，也能放松人们的心情，甚至发展观光游憩活动。

尼罗河60％的水用于灌溉，图中的埃及人利用水泵汲取用水。（图片提供/欧新社）

河川与古文明

河川与人类生活紧密相关，因此早期人类文明往往沿着大河发展。非洲的尼罗河、西亚的底格里斯河与幼发拉底河、南亚印度的印度河与恒河，以及中国的黄河与长江，都孕育出重要的古代文明，如古埃及、古巴比

长江三峡大坝蓄水后，可使三峡航段通行大船，让长江航运能直达中国内陆。图为大坝的闸门，可供大型船只通过。（图片提供/达志影像）

伦、古印度和古代中国。这些古文明最大的共通点，就是它们都发源于大河两岸的冲积平原，这样的文明起源形态又被称作"大河文明"。

我们可以从这些古文明中发现，人们拥有广阔的冲积平原和源源不绝的河川水资源后，才有条件逐渐发展出大规模的社会组织，以及建立社会经济活动。另一方面，人们也会根据社会发展的需求，对河流进行不同的利用与开发，例如：中国四川有秦代李冰父子所设计的都江堰，充分解决灌溉与洪水的问题；古埃及则利用尼罗河定期泛滥所带来的肥沃土壤，发展农业。

河川的人工建筑物

兴建水库或拦河堰来蓄水、发电，或是在中、上游兴建拦沙坝以降低水库淤积的速度，都是常见的河川工程。这些人工建筑物对河川自然生态有相当程度的冲击。首当其冲的是洄游性鱼类，到了产卵期，成鱼就会历尽千辛万苦地游回上游出生地产卵，让孵化后的小鱼顺着河水流到大海成长发育，成鱼则在产卵后结束一生。倘若它们无法回到出生地，就无法产卵，繁衍后代。然而，河川内的人工建筑物却常阻挡洄游性鱼类的迁徙，虽然人们设计了鱼梯或鱼道让鱼儿通过人工建筑物，但效果有限。在考虑人类的需求与鱼儿的生存时，适当移除不必要的人工建筑物是可行的措施。

拦河堰可以让流水流速平缓、扩大水面，美化河川，但对河川生态却影响巨大。图为法国都市中利用拦河堰整治美化的河道。（图片提供/GFDL）

尼罗河是世界最长河流，孕育古埃及文明。图中可见尼罗河畔的埃及现代建筑及远处象征古埃及文明的金字塔。（图片提供/欧新社）

湖泊的分类1

（美国火口湖国家公园内的克雷特火口湖，图片提供/维基百科，摄影/Zanubrazvi）

湖泊的形成有两大要素：充足的水源和低洼的地势。湖泊指具有一定深度的静止水体，而且有某一部分是阳光无法穿透的。广义地说，湖泊是在地表洼地蓄水，不与海洋直接连接且具有一定蓄水量的各种水体。因此，天然池塘或水坝这类面积较小的水体，也都是湖泊，而水库则属于人工湖泊。湖泊的成因很多，其中与地质作用有关的，以构造湖和火口湖最常见。

构造湖

地球内部有强大的力量，可使地表岩层产生构造运动，造成断层，而产生地表塌陷，成为地堑。地堑蓄水后形成的湖泊，就称为构造湖或地堑湖。构造湖通常发生于板块交接带或板块活动频

的的喀喀湖面积广达8,290平方千米，平均深度140—180米，是南美最大的淡水湖，也是世界最高可航行大船的湖泊。（图片提供/达志影像）

繁的地方，位于秘鲁与玻利维亚边界的的的喀喀湖，是世界上海拔最高的构造湖，海拔高达3,821米。由于构造湖的成因是断层，因此湖岸特别陡峭，湖水也较深，世界最深的贝加尔湖，位于西伯利亚，湖水最深处达1,620米，也属于构造湖。

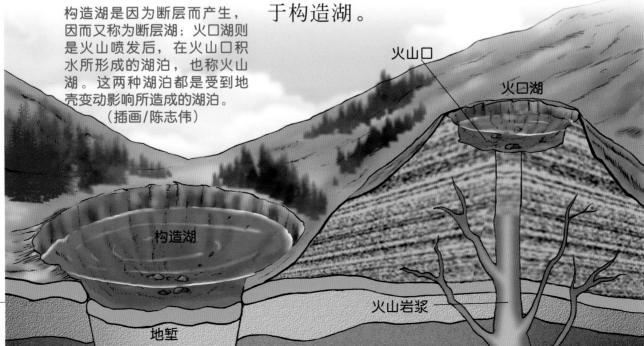

构造湖是因为断层而产生，因而又称为断层湖；火口湖则是火山喷发后，在火山口积水所形成的湖泊，也称火山湖。这两种湖泊都是受到地壳变动影响所造成的湖泊。（插画/陈志伟）

火山口

火口湖

构造湖

火山岩浆

地堑

火山锥顶端失去支撑时，就会崩塌形成破火山口。图为东太平洋科隆群岛的一处破火山口。（图片提供/维基百科）

火口湖

顾名思义，火口湖就是位于火山口的湖泊。当火山喷发时，位于山顶的喷发口是地下岩浆主要的出口，由于部分岩石一起爆裂，因而凹陷成漏斗状。火山口通常面积不大，但如果喷发太猛烈，把整个火山口都轰塌了；或是原来的火山口因地下岩浆已经空虚，因此发生崩塌，都会形成面积较大的破火山口。破火山口有如巨大的碗，底平外圆，直径有数千米长。当火山口积水成湖，就形成所谓的火口湖。美国俄勒冈州的克雷特火口湖及新西兰的陶波湖都是世界著名的火口湖。

陶波湖是一座火口湖，位于新西兰的北岛，面积广达616平方千米，是新西兰第一大淡水湖，也是重要的观光景点。图中游客在此体验高空弹跳，同时饱览陶波湖的美景。（图片提供/达志影像）

湖泊的营养度与盐度

除了依照成因外，湖泊还可依照湖水营养度、湖水盐分来分类。若依湖水的营养度，即湖水中所含的氮、磷、钾等对生物有益的营养元素及有机物质含量的多寡，湖泊可分类为优养湖、中营养湖与贫营养湖。若以湖水的盐度来分类，则可分为盐度小于千分之0.5的淡水湖、盐度介于千分之0.5—35间的咸水湖及盐度大于千分之35的盐湖。死海即为世界上最著名的盐湖，含盐度可达千分之300左右。因为含盐度超高，除了一些微生物外，没有生物可以在死海中生存；也因为盐度高、密度大，人类可以浮在死海水面上而不下沉。

死海位于西亚约旦与以色列的交界处，低于海平面418米，是全世界海拔最低的湖泊，同时也是最深且最咸的咸水湖。（图片提供/GFDL）

湖泊的分类2

湖泊的形成除了来自地球内部的力量之外，外在环境的力量，无论是大自然各种作用，还是人类、生物的活动，都会造成湖泊。

月牙泉古称渥洼池或沙井，受沙漠化影响，月牙泉的水位下降，面积减小。（图片提供/GFDL）

 ## 冰蚀湖、风蚀湖

冰蚀湖是冰川侵蚀作用后的产物。当冰川携带着大大小小碎石（称为冰碛），从冰川源头往下游移动时，会对地表进行侵蚀，甚至刻画出洼地或谷地。这些洼地或谷地在冰川消退后，积水形成了冰蚀湖。北欧芬兰号称"千湖之国"，以及美国明尼苏达州有"万湖之州"的封号，都与它们境内冰蚀平原上为数众多的冰蚀湖有关。

在干燥区域，因为地表受风长期吹蚀，较松散的地面物质逐渐被风带走，形成洼地。若洼地底部低于地下水面，则地下水便会渗出，填注洼地而形成湖泊。另外，如果地表下具有含水层的区域，风蚀作用会使含水层露出地面而形成湖泊，而这样的湖泊就造成了一般所称的绿洲。这两种成因的湖泊，都属于风蚀湖，通常湖水较浅。中国甘肃省敦煌的月牙泉就是著名的风蚀湖代表。

分布在高纬度及高山地区的冰川，其巨大力量在地面侵蚀出大大小小的凹槽，一旦冰川融化后，水就蓄积在这些凹槽内，成为冰蚀湖。（图片提供/达志影像）

牛轭湖、堰塞湖

　　牛轭湖是河流侵蚀与堆积作用的产物，常见于河川中、下游地区。河川愈到中、下游，宽度愈宽，流速愈缓，容易形成弯曲的现象，称为曲流。受河流侧蚀与堆积的影响，久而久之，曲流的弯曲程度就愈来愈大。一旦曲流颈部被河流切穿，或因为大洪水漫过曲流颈，使河川改变流路，形成笔直的新河道，此时旧有的河道形成半月形、状似牛轭的湖泊，称为牛轭湖。

　　堰塞湖是河道受到阻塞所致，通常是地震、风灾、火山爆发等原因所造成的山崩、泥石流或熔岩，堆积在河谷中，阻断河道而形成的。当受

牛轭是架在牛颈上的器具，大多以竹子或木头制成，用来拖拉农具或牛车。牛轭湖外形像新月，又称新月湖。（图片提供/达志影像）

东咸西淡的巴尔喀什湖

　　巴尔喀什湖是中亚的第二大湖，地处哈萨克斯坦东部，东西长约605千米，南北宽度介于8—70千米。这里的气候干燥，蒸发旺盛，所以理论上巴尔喀什湖应该是咸水湖。不过由于源自天山山脉的伊犁河注入湖的西半部，结果冲淡了这里湖水的盐分，含盐量仅为千分之1.48。湖的东半部则正好相反，在没有大河注入、几条小河的流量又远不及伊犁河一半的情况下，含盐量高达千分之10.4。由于巴尔喀什湖的东西两部分只有一条狭窄水道相连，

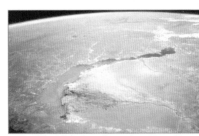

巴尔喀什湖主要的水源来自伊犁河，提供了75%以上的水源。（图片提供/维基百科）

阻碍了两侧湖水的自由流动，更加使得含盐量极不均匀。因此，巴尔喀什湖成为世界上极少数有着咸淡两种湖水的湖。

阻塞的河道贮水后便形成湖泊。由山崩物质与泥石流堆积成的湖堤，非常不稳定，容易溃堤而使湖泊消失，也为下游带来可怕的灾害。除了天然的堆积作用外，人类采矿留下的矿渣也可将河水堵住。水獭在水面筑堤，也会形成小型湖泊。

堰塞湖的结构非常不稳定，约有93%在短期内发生溃堤。图中唐家山堰塞湖，是中国汶川地震形成的34处堰塞湖中最危险的一个。（图片提供/欧新社）

湖泊的演变

（20世纪时咸海曾是世界第四大湖，现在的面积只剩当初的1/4。图片提供/维基百科）

湖泊形成之后，开始经历一连串由湖泊变为沼泽、湿地，最后形成陆地的过程。换句话说，湖泊的演变其实就是湖泊陆化的过程。湖泊陆化的快慢，主要受两种因素的影响，一是输入泥沙量与降水的多寡等外部因素，二是湖泊植物演替等内部因素。

外部因素

因为湖泊是地表较低洼的区域，所以往湖泊注入的流水，会将物质带往湖底堆积，使湖泊开始淤积、变浅，最后形成陆

水库原本就有使用寿命，若降水不足，会加速干涸情况。图为中国江西一处水库，居民汲取底部仅存的用水。（图片提供/达志影像）

地。因此，沉积物输入的数量与速度，将会影响湖泊的寿命。另外，是否有水分持续补充湖水，也会影响湖泊的寿命。当降水不足或水分蒸发过多，湖水水位会逐渐下降，因而加速湖泊陆化。

不只天然湖泊如此，人工湖泊也同样深受外部因素的影响而发生淤积。例如当上游流水不断将沉积物带入水库，水库因淤积过量而丧失储水、防洪的功能。另外，人类不当利用或开发湖泊，

中国湖北南部在古代原是一片沼泽湿地。随着不断淤积，残存下来的湖泊及湿地，也在20世纪消失了40％。湖底的养分充沛，民众借此种植根茎作物。（图片提供/欧新社）

未确实做好集水区水土的涵养，造成大量土石沉入湖中，也是造成湖泊寿命缩短的因素。

湖泊一夕消失的情况较少，通常会先形成湿地。图为日本北海道知名的雨龙沼湿地。（图片提供/维基百科）

内部因素

影响湖泊演变最主要的内部因素，就是湖泊里的植物，这些植物包括沉水植物、漂浮植物、浮叶植物和挺水植物等。虽然不同的植物分布在不同深度的水中，但凋零后，最终都会腐化为土壤，沉积在湖泊底部。这些有机的沉积物，使湖泊底部的有机质厚度逐渐加厚，长期的累积下，也造成湖泊开始淤积，趋于陆化。除此之外，当湖泊逐渐变浅时，湖岸边喜欢潮湿环境的陆生植物，如野姜花、芒草等，会逐渐入侵湖泊的范围，加上根部会抓住沉积物，也是湖泊加速陆化的原因之一。

当湖水减少，生态会发生变化，尤其当温度适合植物生长时，就容易发展成为沼泽。（图片提供/维基百科，摄影/Derek Jensen）

消失中的湖泊

2005年，联合国曾针对全球湖泊加速消失的问题发出警告。根据卫星影像资料，和数十年前相比，有些湖泊的长度与宽度发生了巨大改变，像非洲最大的淡水湖维多利亚湖，其水位比20世纪90年代初降低了1米；位于非洲中部的乍得湖，湖水面积从1963年的25,000平方千米缩小至2001年的1,350平方千米，缩小了近九成五的面积。此外，智利南部靠近南极的卡谢2号冰川湖，竟然在12小时内消失得无影无踪。研究报告认为全球各地的湖泊面积日益缩小，与气候变迁、全球变暖、环境污染、人类不当利用有密切的关系。

乍得湖已几近消失，图为乍得湖航拍图，蓝色为湖水，周围阴影处是湖水消失后的残迹。（图片提供/达志影像）

湖泊生态

（布袋莲原产于热带美洲，又称水葫芦或凤眼莲。图片提供/维基百科）

　　湖泊的深度、水温、水质，决定了湖泊中生物的种类与数量，同时也会影响生物在湖中的分布情形，以及营养物质的循环过程，因而造就不同的湖泊生态分区。从湖岸到湖的中央，可以简单分为沿岸区、湖沼区以及深湖区，3个区域各自有不同的生态特色。

　　睡莲是湖面常见的浮水性植物，图为德国巴伐利亚一处湖泊。睡莲的叶子贴于水面，且有裂缝，与荷花不同。（图片提供/达志影像）

 ## 沿岸区

　　从湖泊边缘的植物带，一直延伸到湖水较深、挺水植物无法生长的区域，属于沿岸区的范围。这一带受到充足的阳光照射，因此有非常丰富的动植物。植物方面，依据在水中生长的位置，分为：挺水性植物如慈姑、芦苇等，漂浮性植物如浮萍、布袋莲，浮水性植物如睡莲，以及沉水性植物如水蕴草。动物方面则有鱼、蛙、虾蟹及小昆虫、水鸟、候鸟、龟、蛇等，物种极具多样性。

　　湖泊的物种丰富，是许多鸟类栖息觅食的地方。东非肯尼亚的博格利亚湖国家保护区内，每年1—4月，有上万只火烈鸟聚集。（图片提供/达志影像）

湖泊富营养化

　　湖泊富营养化是指水中的养分太多，导致藻类及浮游动物大量繁殖，以致于耗尽水中的氧气，使得栖息在那儿的水中生物窒息而死，水也因此发臭。造成湖水富营养化的原因，是由于随着时间的增长，湖泊水域内逐渐累积有机物与营养物质，使得水中的养分逐渐增加；再加上家庭排放污水与农田施放过多的肥料，使得磷化物和硝酸盐类营养物大量排入河川、湖泊与水库。为了减少富营养化的问题，一般大众可以做的就是减少营养物直接或间接流入湖泊，例如使用无磷清洁剂，或减少直接将排泄物、厨余排入下水道与沟渠。

湖边除了可以提供动物水源外，湖中的挺水植物，也是大象等动物的食物来源。（图片提供/达志影像）

湖沼区

　　湖沼区的范围是从沿岸区到阳光可以穿透湖水的最深处。这里的植物由于能够受到阳光照射，所以仍能进行光合作用生产养分。这里的湖水较深，也适合浮游藻类生存，例如能够自行制造养分的绿藻。湖水的表层，还有轮虫、小型甲壳类动物等浮游动物，它们多靠滤食水中的有机碎屑与藻类为生。其他也有以滤食浮游动物为生的小鱼，以及较凶猛的肉食性鱼类。

巨骨舌鱼又称为象鱼，分布在南美洲亚马孙河流域，是最大的淡水鱼之一，最长可达3米，具经济价值。图为巴西民众在湖中捕获象鱼。（图片提供/欧新社）

深湖区

　　深湖区是指阳光无法穿透的区域，由于是很深的水域，所以没有绿色植物生存。不过，来自湖水上层的有机

甲壳类动物以藻类及有机碎屑维生，具清洁湖水的功用。图中虾子正在湖里产卵。（图片提供/达志影像）

碎屑，会在底部沉积，形成富含营养物的湖底软泥。这些湖底软泥经由微生物或细菌、真菌的分解，会释放出矿物质，使湖水中的营养元素增加。湖泊底层生活的动物，大部分是以这些有机碎屑物为生，主要动物有利用触须觅食的鲤鱼、鲶鱼，以及一些虾蟹类的甲壳动物。此外，春秋两季时，因为温度变化造成湖水上下层间的对流，底层的营养物质也随着水流上升至表层，提供表层生物丰富的养分。

狗鱼，又称为淡水鲨鱼，是凶猛的肉食鱼类，以河湖中的其他鱼类为主食。图中潜水人员在近距观察觅食中的狗鱼。（图片提供/达志影像）

湖泊的利用

（坦噶尼喀湖是世界上年代第二久远的湖泊，也是东非重要渔场。图片提供/维基百科）

"围湖造田"、"与湖争地"是人们开发土地时的行为。然而过度的围湖，导致湖泊面积缩小，失去了湖泊原本具备的功能，造成湖泊附近气候变化，或是水灾频发。湖泊有什么功能，而我们该如何适度地利用，是人们值得仔细思考的问题。

提供用水、渔业资源

利用湖泊或水库的蓄水作为民生与灌溉用水，是人们对湖泊最普遍的利用方式。非洲的维多利亚湖提供了周围国家的灌溉水源，使它成为人口聚集之地。湖中的渔获，则是湖泊给予人类的另一项资源。西亚的里海是世界最大的内陆湖泊，

图为印度尼西亚爪哇一处湖泊，干季时民众步行数千米前来取水。（图片提供/达志影像）

孕育了丰富的渔业资源，除了有大量的咸水鱼类外，还包括里海白鱼、鲑鱼等具有经济价值的鱼种，不但吸引大批的游客观光，也提供当地稳定的经济来源。

蓄水、调节河流水量

无论是天然或人工湖泊，都具备蓄水的功能。当干季到来，雨季所蓄积的湖水便能取来做有效利用；蓄水还可用来调节湖泊附近的气候。除了蓄水，在调节水量方面，湖泊可以对相邻的河川系统进行水位调节，例如当暴雨来临时，湖泊可以吸收容纳多余的水量，避免河水过多产生洪患；当河道的水位降低时，湖水可回注到河中，维持河流基本的水位与生态需求。

达尔湖位于南亚克什米尔，西卡拉船是当地主要交通运输工具，居民常乘船捕鱼，自己食用外也载往市集贩卖。（图片提供/欧新社）

左图：五大湖区是世界最大的内陆航运系统，可航向大西洋，货运繁忙。图为五大湖最大的苏必利尔湖，巨型轮船正驶离杜鲁斯港。（图片提供/维基百科，摄影/Randen Pederson）

 ## 观光游憩、交通运输

　　湖泊也具备观光游憩功能，幽静的湖光山色，常常吸引许多游客驻足，使湖泊成为观光游憩的景点。美国的五大湖区、英国的湖区以及中国的西湖，皆以美丽的湖景成为世界知名景点。交通运输也是湖泊的功能之一，特别是当湖泊与交通繁忙的河流相互联结时，往往构成重要的水路交通网络。例如中国江西鄱阳湖与长江的联结，美加地区五大湖与圣劳伦斯河的联结，都是很好的例子。

中国浙江省杭州的西湖，是世界著名的城市景观湖泊，以一山、二堤、三小岛及西湖十景驰名国际。（图片提供/达志影像）

里海位于欧亚交界，由5国环绕，航运兴盛。它原属于地中海，因山脉隆起而分隔。图为滨临里海的阿塞拜疆首府巴库。（图片提供/维基百科，摄影/David Chamberlain）

记录环境变迁的湖泊沉积物

　　利用湖泊底下的沉积物质，我们可以研究环境变迁的历史。在湖泊底部，沉积物不断累积，加上很少受到扰动，因此完整记录了环境变迁的过程。科学家从湖泊沉积物中取得植物的孢子与花粉，将这些孢粉进行分类，观察它们属于哪一种植物，并通过生物学家对这些植物原有的认识，包括各个植物喜欢生长在潮湿的环境还是干燥的环境，以此来推估过去的气候和环境。也就是说，利用湖底沉积物中的植物孢粉，我们就能判断出过去环境变化的情况。

主流在法国境内的隆河，源自瑞士圣哥达峰的罗纳冰川，挟带大量沉积物注入中欧第二大湖日内瓦湖。（图片提供/维基百科，摄影/Rama）

单元14

水库

（布拉茨客水库是俄罗斯首座坝体高度超过100米的水库，图片提供/GFDL）

水库属于人工湖泊的一种，除具备发电、灌溉、取水和观光等功能外，对于河川生态、地方微气候也会产生影响。水库的寿命受泥沙淤积量所影响，淤积量越大，水库寿命就越短。

 ## 水库的设立

建造水库的目的，不外乎为了蓄水、防洪、发电等功能。人类选择水量丰沛的河川，在河川中、上游较狭窄的谷地兴建坝堤，使河水升高淹没河谷，把水蓄积在山谷间，一个人工湖泊也就此产生。世界蓄水面积最大的水库是位于非洲加纳的沃尔特水库，面积

西非加纳境内的沃尔特水库，是世界第一大人工湖，除了观光，也是当地交通要道。（图片提供符/维基百科，摄影/Hugues）

香港缺乏淡水，除了广设水塘，更在海上兴建水库，图为船湾淡水湖的海堤，是当地游憩的景点。（图片提供/维基百科）

约8,500平方千米，比第二大的俄罗斯古比雪夫水库整整大了2,000平方千米，规模非常惊人。

除了在山谷中建造水库外，也有兴建于海上的水库，其中最著名的就是香港的船湾淡水湖及万宜水库。香港缺少高山及河流，不易取得淡水，因此在海上筑堤，隔绝海水形成一处人工湖，然后将海水抽干储存淡水，用来解决香港缺水的问题。这类水库最大的特点，就是不会有淤积的问题。

水库的灾害

水库虽带来许多正面的效益，但同时也对生态及人类活动造成威胁，最明显的就是水位上升后所带来的冲击。水库淹没当地动植物的栖息地，造成物种减少甚至灭亡，同时坝堤也阻断洄游性鱼类的迁移，这些都直接改变河流生态。水库也会淹没历史古迹与文物，冲击当地的传统文化，并压缩生产和生活空间。

水库还带有其他的危险，例如水库会拦截河川所携带的泥沙，使河川下游的入海口与海岸线，因为没有足够的河沙补充而后退，改变当地的地理环境。此外，当水库坝堤受到损害时，水库溃堤瞬间所产生的洪水，更会对下游造成毁灭性的冲击。水库因为泥沙淤积的问

题，都有一定的使用寿命，但对环境却有着长远的影响，因此水库的兴建，应该经过慎重的评估。

世纪工程：长江三峡大坝

长江的总长度约6,280千米，仅次于尼罗河和亚马孙河，是世界第三长河及中国境内最长的河流。长江三峡大坝于1994年开工兴建，于2006年全面建成。长江三峡大坝完工后可蓄水量约有400亿立方米，每年的发电量可达850亿度，对蓄水、防洪及发电有莫大的助益。长江三峡位于湖北省宜昌市到重庆市之间，三峡大坝就建在宜昌境内，是世界上最大的水力发电站，也是中国有史以来建设的最大型的工程项目。

三峡大坝是世界上规模最大的水力发电站。（图片提供/维基百科，摄影/Dan Kamminga）

水库的水位如果过高，水坝底部承受极大压力，会损害坝体结构，增加溃堤的危险，因此水库必须适时泄洪调节水位。（图片提供/达志影像）

英语关键词

河川	river
降水	precipitation
径流	runoff
溪流	stream
河道	channel
湖泊	lake
池塘	pond
地下水	ground water
地下水面	water table
泉水	spring
内流河	inward flowing river
外流河	out flowing river
淡水湖	freshwater lake
咸水湖	saline lake
流域	drainage basin
上游	upstream
中游	midstream

下游	downstream
支流	tributary
集水区	catchment area / watershed
分水岭	divide
水系形态	drainage pattern
格子状水系	trellis drainage system
树枝状水系	dendritic drainage system
放射状水系	radial drainage system
向心状水系	centripetal drainage system
侵蚀作用	erosion
向下侵蚀	bed erosion
向源侵蚀	headward erosion
侧向侵蚀	lateral erosion
高差	relief

河谷	valley	曲流	meander
河阶	river terrace	三角洲	delta
壶穴	pothole	自然堤	natural levee
峡谷	gorge	泛滥平原	flood plain
瀑布	waterfall	构造湖	tectonic lake
河川袭夺	stream piracy	火口湖	crater lake
流量	discharge	破火山口	caldera
水位	water level	冰蚀湖	glacial lake
流速	flow velocity	冰川	glacier
溶解	solution	风蚀湖	wind erosion lake
悬浮	suspension	堰塞湖	dammed lake
跳跃	saltation	牛轭湖	oxbow lake
沙	sand	水库	reservoir
泥	mud	水坝	dam
砾石	gravel	富营养化	eutrophication
堆积作用	deposit	水土保持	soil conservation
冲积扇	alluvial fan	水力发电	hydropower

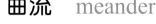
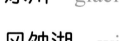

新视野学习单

1 关于水循环与河川的叙述，哪些是正确的？（多选）

1. 水循环主要是太阳能量改变了水的状态（气态、固态、液态），而造成水分在地球上持续不断循环的过程。
2. 河川的流域也可说是整条河川的集水区范围。
3. 陆地上的淡水大多储存在河川、湖泊。
4. 河川以最后是否流入海洋，分为内流河和外流河。

（答案在第06—09页）

2 连连看：水系的类型

格子状水系　树枝状水系　放射状水系　向心状水系

   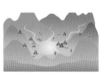

（答案在第08—09页）

3 下列哪5种现象与河川侵蚀作用有关？请打勾。

（　）水力冲击　　　（　）三角洲　　　（　）悬浮作用
（　）V形谷　　　　（　）挖蚀作用　　（　）冲积扇
（　）磨蚀作用　　　（　）泛滥平原　　（　）溶解作用

（答案在第10—13、16—17页）

4 连连看，当大洪水来时，下列物品如何在水中移动？

大石块·　　　　　　·溶解
树干·　　　　　　　·悬浮
泥浆·　　　　　　　·跳跃
小砾石·　　　　　　·滚动、滑动

（答案在第14—15页）

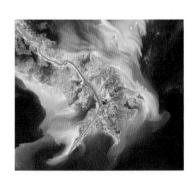

5 下列有关河川生态系统与其保护的描述，哪个是"错误"的？（单选）

1. 河川由源头绵延到海口，上中下游的生物多样性丰富，且重要。
2. 河川的生物种类以上游最丰富，淡水鱼类多分布在上游。
3. 山坡地的滥垦和滥伐，是导致河川生态系统破坏的主要原因之一。
4. 河川中的生物可以作为水质是否干净的判定依据。

（答案在第18—19页）

6 连连看：河川与四大古文明

·长江
埃及文明· ·幼发拉底河
中国文明· ·恒河
印度文明· ·尼罗河
两河文明· ·底格里斯河
·黄河
（答案在第20—21页）

7 左侧各种湖泊的成因是什么？将右侧选项填入括号中。
（ ）火口湖 （A）冰川侵蚀后刻画出的洼地，积水成湖。
（ ）冰蚀湖 （B）风长期吹蚀成的洼地，水源补注形成。
（ ）构造湖 （C）火山口陷落积水成湖。
（ ）牛轭湖 （D）河道受到阻塞所形成的湖泊。
（ ）风蚀湖 （E）河川旧有的曲流河道所形成的湖泊。
（ ）堰塞湖 （F）构造运动后凹陷的地形蓄水成湖。
（答案在第22—25页）

8 下列有关湖泊中动植物的叙述，哪些是正确的？（多选）
1.沿岸区与湖沼区是以挺水植物为分界。
2.深湖区的绿色植物是主要生产者。
3.湖中的甲壳类动物多以滤食水中的有机碎屑及藻类为生。
4.湖泊沿岸区的动植物极具物种的多样性。
（答案在第28—29页）

9 哪一个选项不是湖泊可以提供的功能？请打勾。（单选）
（ ）发电 （ ）蓄水
（ ）观光游憩 （ ）非金属资源开采
（答案在第30—31页）

10 下列哪些是兴建水库的好处？请打○。哪些是可能带来的坏处？请打×。
（ ）导致河川下游的出海口与海岸线产生侵蚀后退。
（ ）水库溃堤瞬间产生狂暴洪水。
（ ）水力发电供人类使用。
（ ）破坏河川的生态系统。
（答案在第32—33页）

■■ 我想知道······

这里有30个有意思的问题，请你沿着格子前进，找出答案，你将会有意想不到的惊喜哦！

开始！

世界最大的三角洲是由哪条河流所造成？ P.07

世界最长的内流河是哪条河川？ P.07

哪座湖界第一

世界最深的湖泊在哪里？ P.22

破火山口是怎么形成的？ P.23

如何区分淡水湖与咸水湖？ P.23

太棒得美牌。

世界最长的河流是哪一条？ P.21

水库的使用寿命受哪些因素影响？ P.32

全世界最大的人工湖是哪一个？ P.32

长江三峡大坝的兴建有哪些贡献？ P.33

拦河堰对河川造成什么影响？ P.21

全球最大的内陆航运系统在哪里？ P.31

湖泊底层的动物主要以什么为生？ P.29

颁发洲金

太厉害了，非洲金牌也是你的！

淡水鱼类集中在河川的哪个河段？ P.18

曲流的凸岸与凹岸各有什么特色？ P.17

河川的搬运作用有几种类型？ P.15

黄河每少泥沙海？

泊是世大湖？ P.07

流域面积与流量都居世界第一的是哪条河川？ P.08

世界三大瀑布是哪三个？ P.09

不错哦，你已前进5格。送你一块亚洲金牌！

了，赢洲金

海拔最低又最咸的湖泊位于何处？ P.23

"千湖之国"与"万湖之州"分别指哪里？ P.24

什么是河川的"回春作用"？ P.10

河川侵蚀作用最旺盛的是哪个河段？ P.11

敦煌的月牙泉属于哪种湖泊？ P.24

太好了！你是不是觉得：Open a Book！Open the World！

尼亚加拉瀑布是由哪两个瀑布组成？ P.12

大洋牌。

全球湖泊快速消失的原因有哪些？ P.27

哪一个湖泊具有东咸西淡的特色？ P.25

什么是"抢水"？ P.13

年将多输进大 P.14

瀑布最容易出现在河流的哪些地方？ P.13

获得欧洲金牌一枚，请继续加油！

河川侵蚀分成哪三种方向？ P.13

图书在版编目（CIP）数据

河川与湖泊：大字版 / 何立德，王子扬撰文．—北京：中国盲文
出版社，2014.5
 （新视野学习百科；11）
 ISBN 978-7-5002-5031-9

Ⅰ．①河…　Ⅱ．①何…②王…　Ⅲ．①河川径流—世界—青少年读物
②湖泊—世界—青少年读物　Ⅳ．① P333-49 ② K918.43-49

中国版本图书馆 CIP 数据核字 (2014) 第 061017 号

原出版者：暢談國際文化事業股份有限公司
著作权合同登记号 图字：01-2014-2135 号

河川与湖泊

撰　　　文：何立德　王子扬
审　　　订：王　鑫
责任编辑：杨　阳
出版发行：中国盲文出版社
社　　　址：北京市西城区太平街甲 6 号
邮政编码：100050
印　　　刷：北京盛通印刷股份有限公司
经　　　销：新华书店
开　　　本：889×1194　1/16
字　　　数：33 千字
印　　　张：2.5
版　　　次：2014 年 12 月第 1 版　2014 年 12 月第 1 次印刷
书　　　号：ISBN 978-7-5002-5031-9 / P · 28
定　　　价：16.00 元

销售热线：（010）83190288　83190292　　　　　　　版权所有　侵权必究

绿色印刷　保护环境　爱护健康

亲爱的读者朋友：

　　本书已入选"北京市绿色印刷工程—优秀出版物绿色印刷示范项目"。它采用绿色印刷标准印制，在封底印有"绿色印刷产品"标志。

　　按照国家环境标准（HJ2503-2011）《环境标志产品技术要求 印刷 第一部分：平版印刷》，本书选用环保型纸张、油墨、胶水等原辅材料，生产过程注重节能减排，印刷产品符合人体健康要求。

　　选择绿色印刷图书，畅享环保健康阅读！

北京市绿色印刷工程